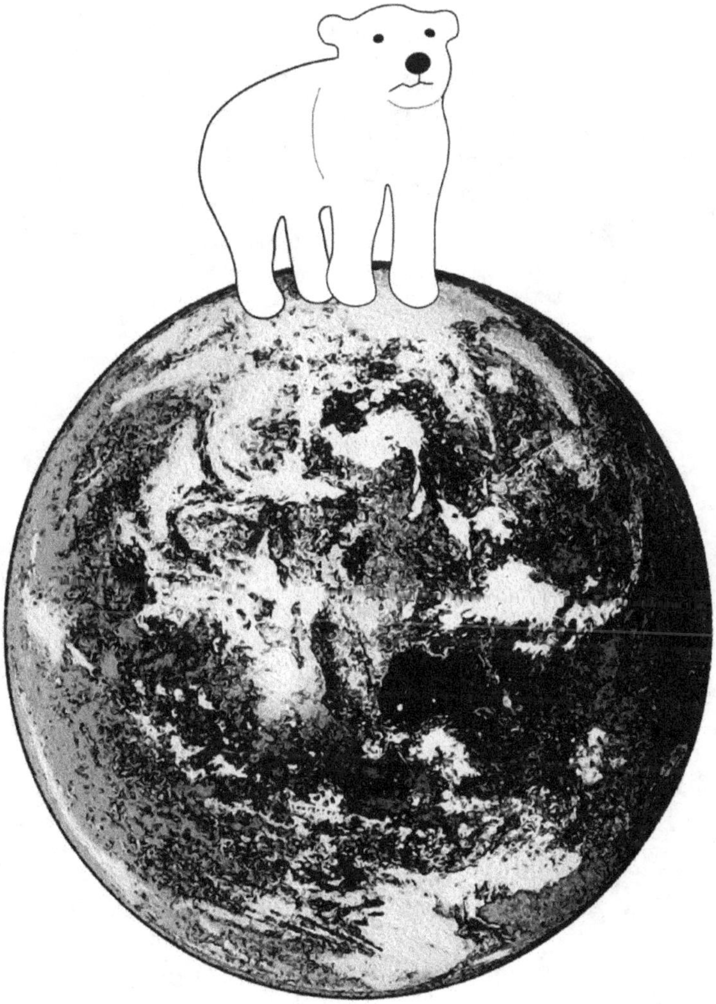

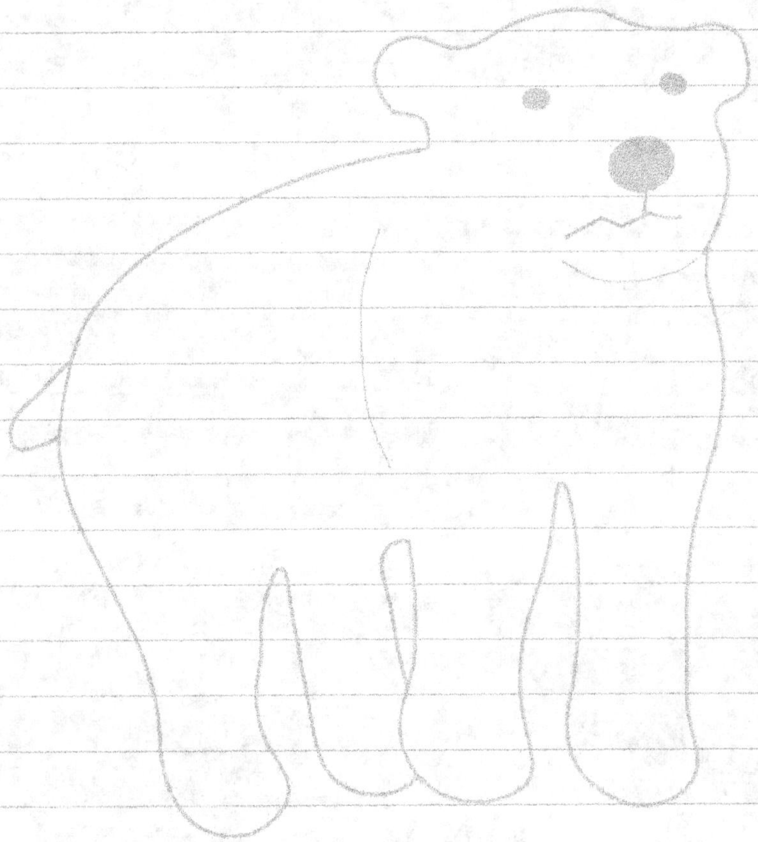

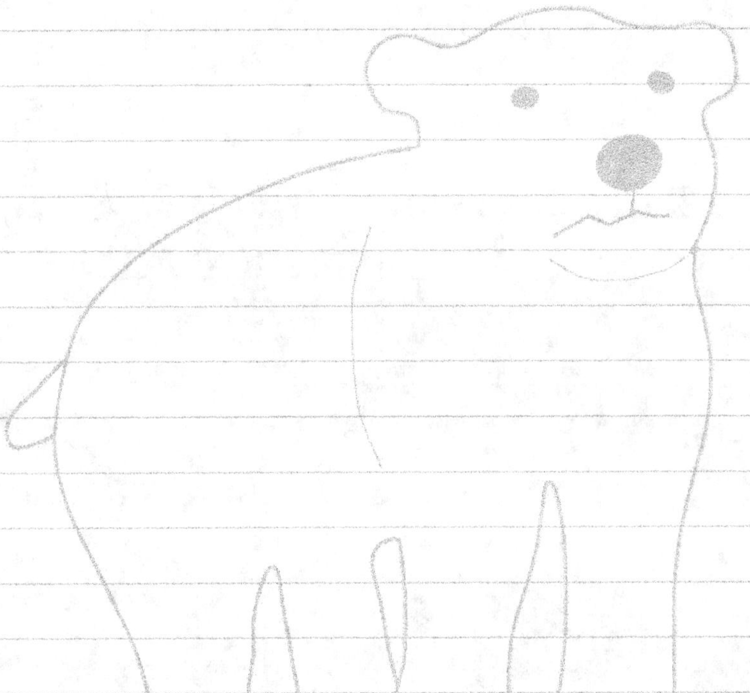

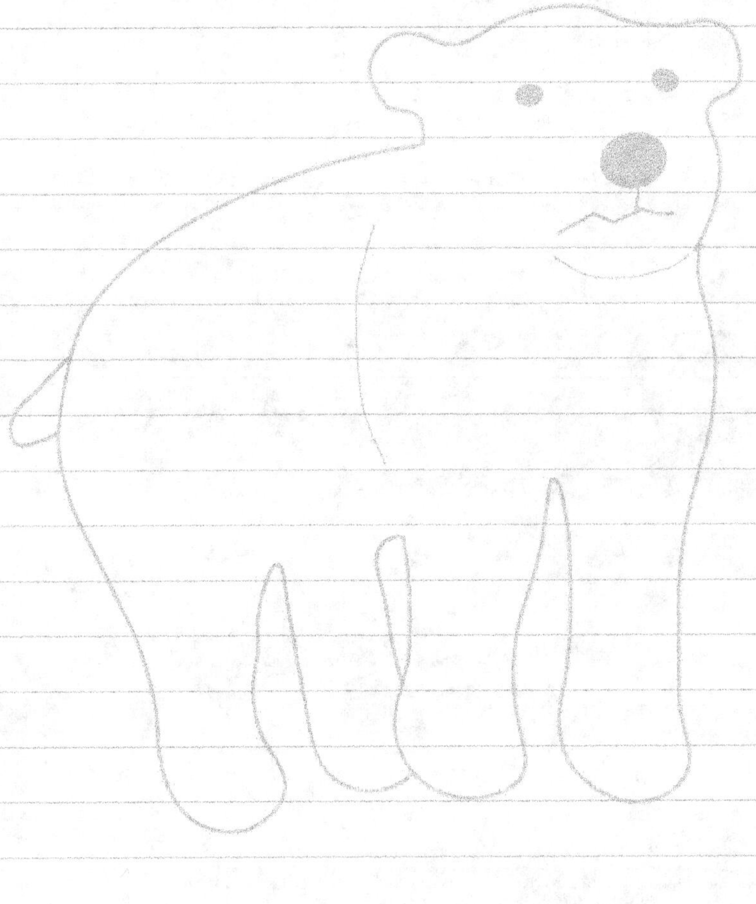

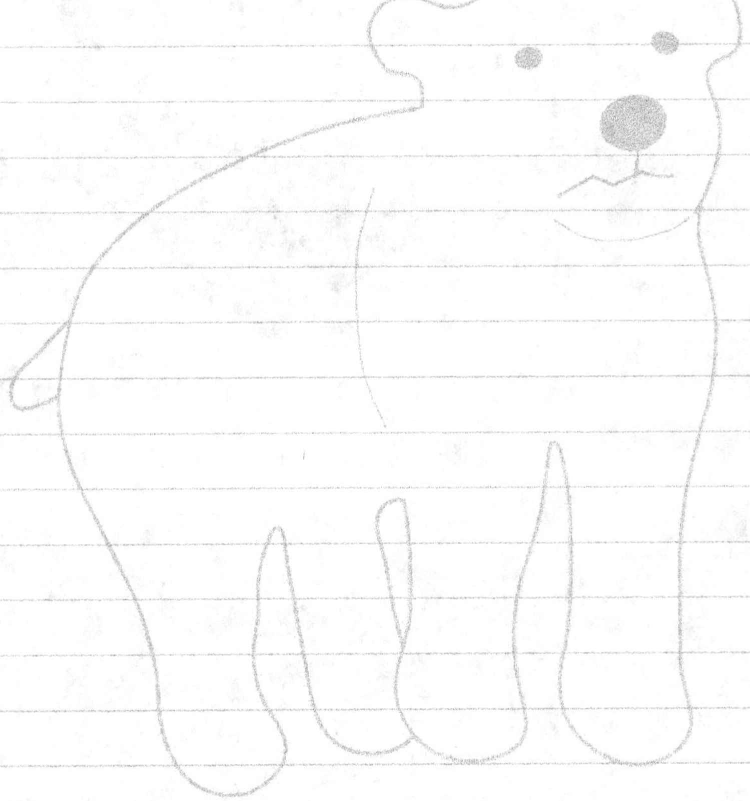

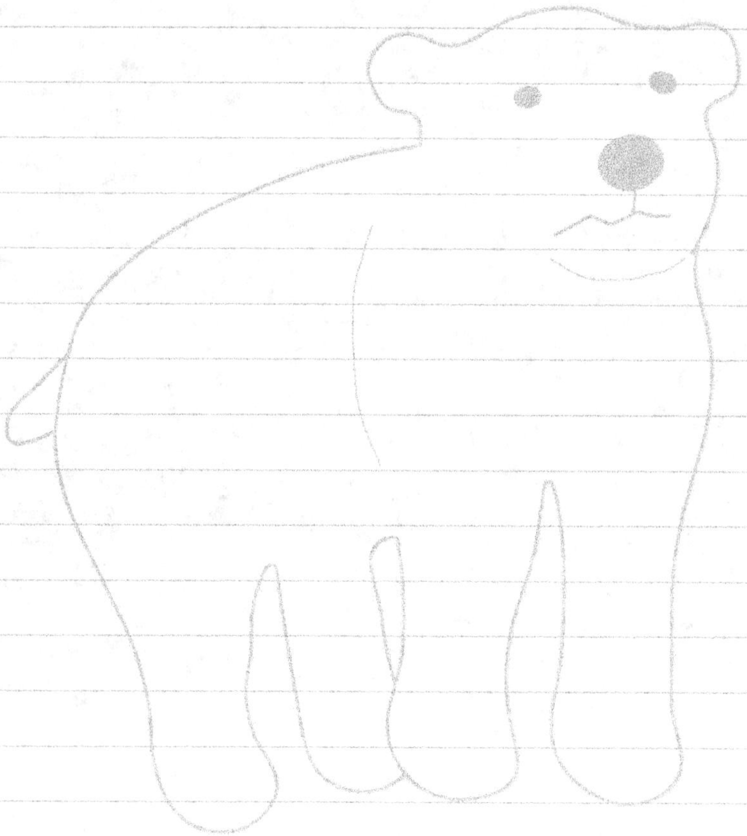

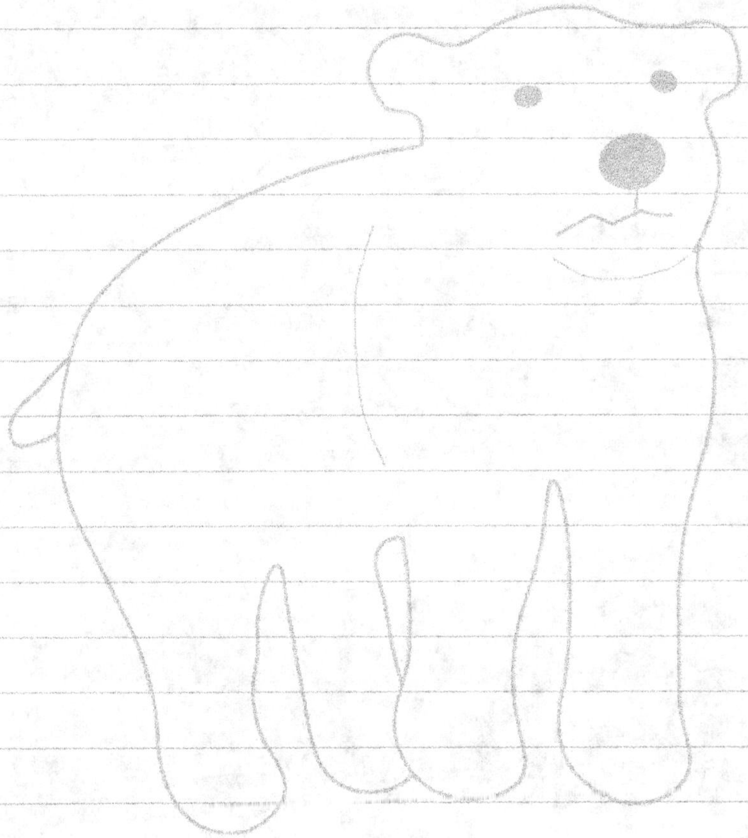

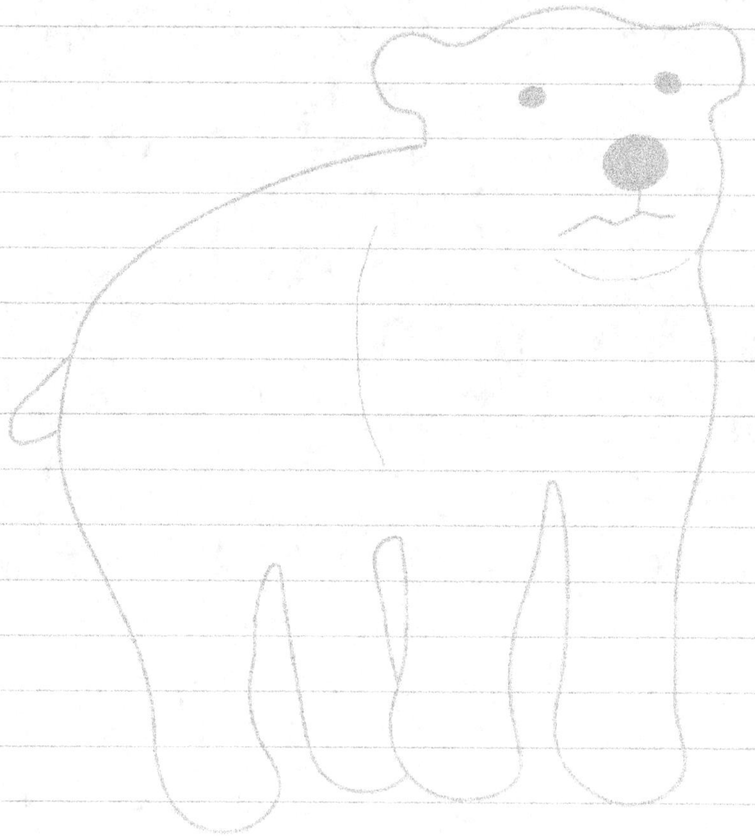

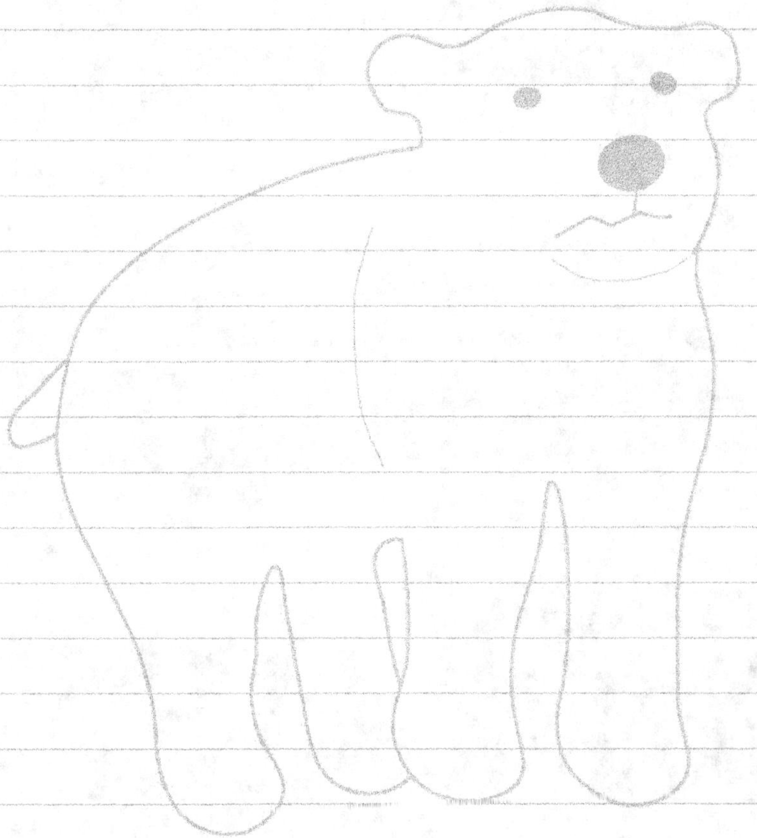

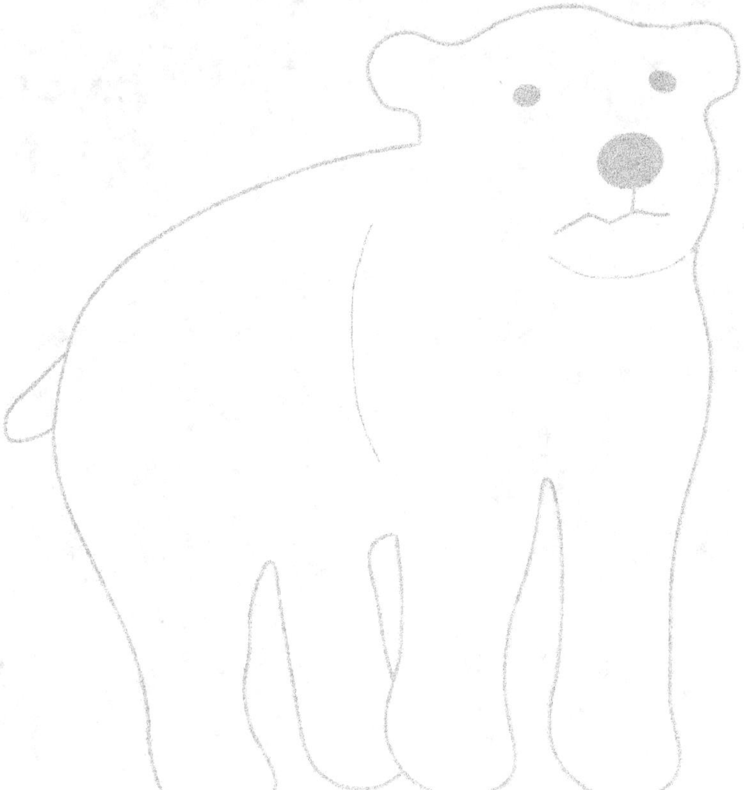

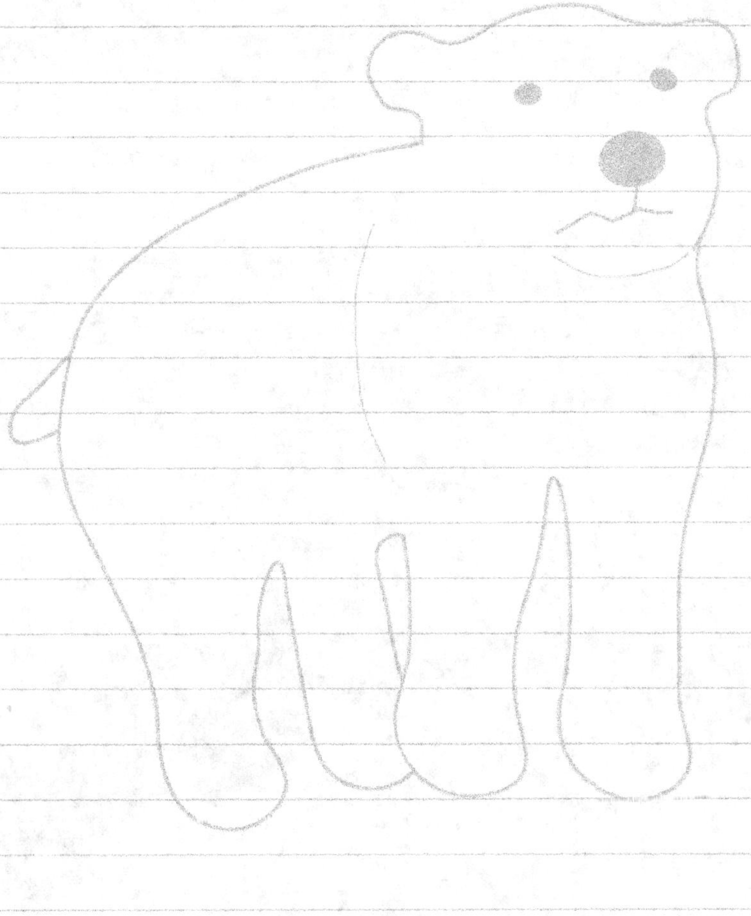

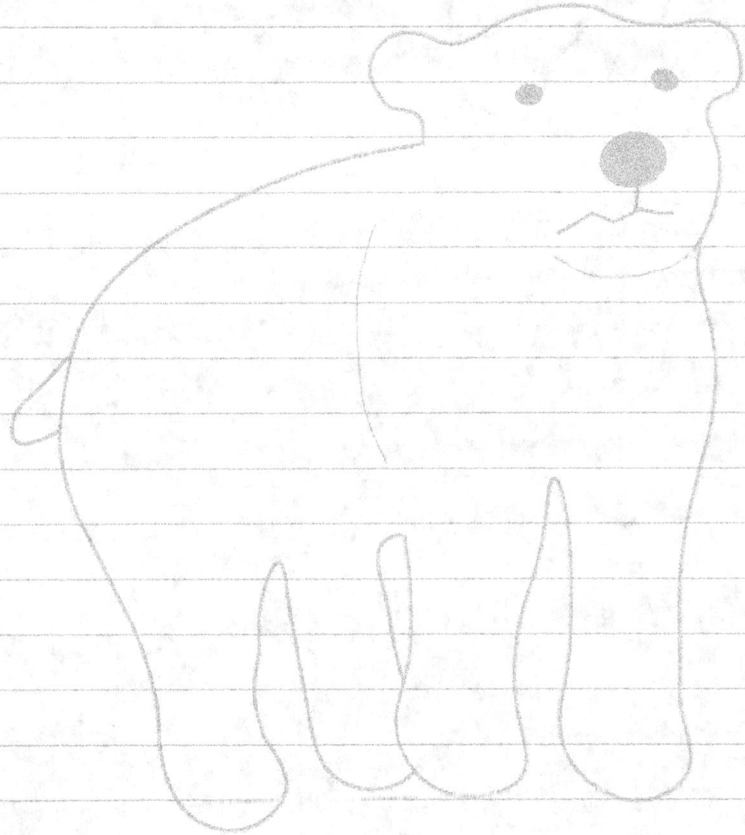

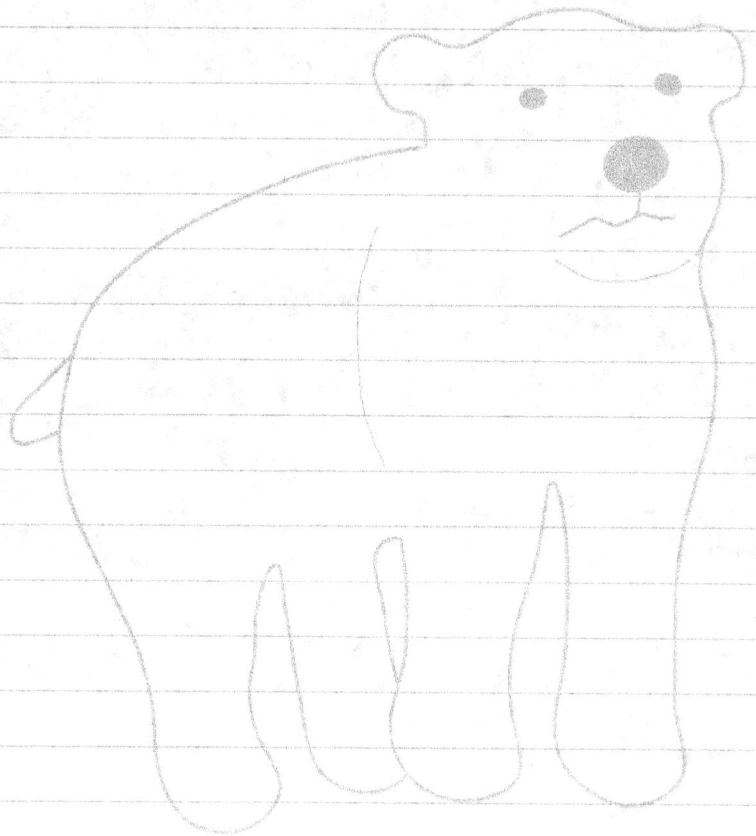

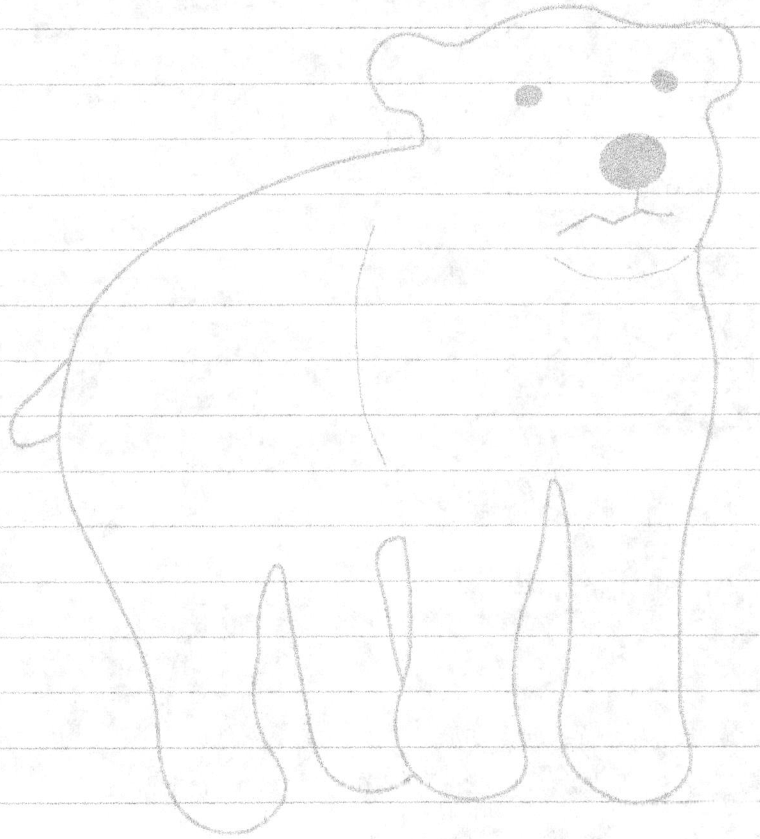

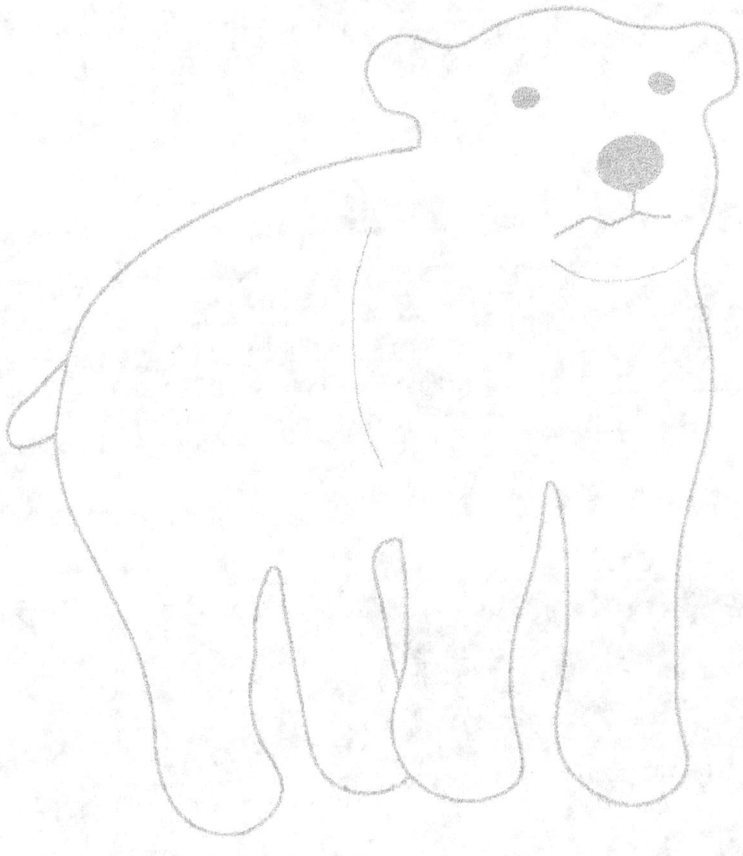

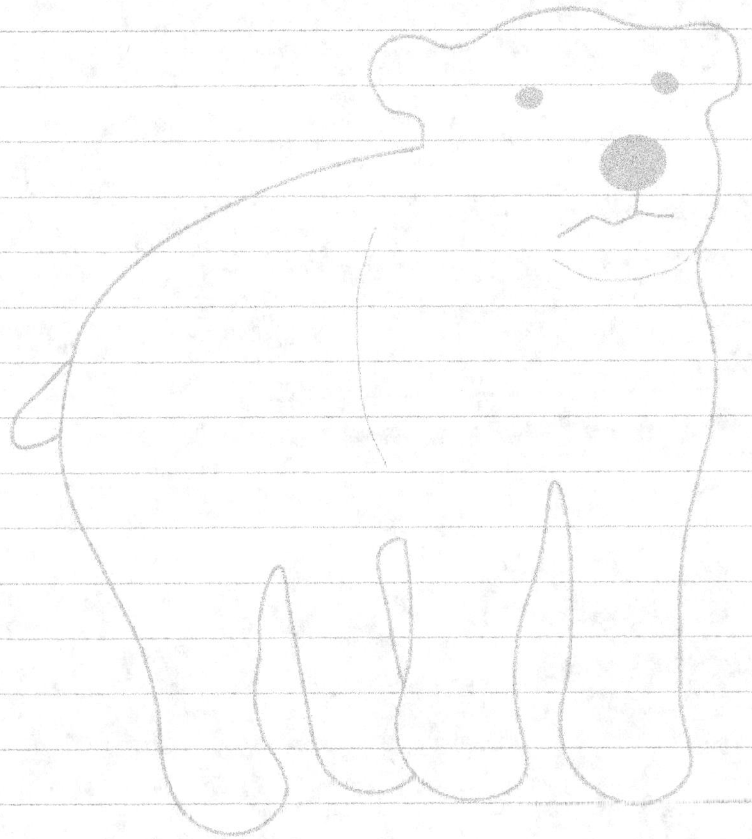

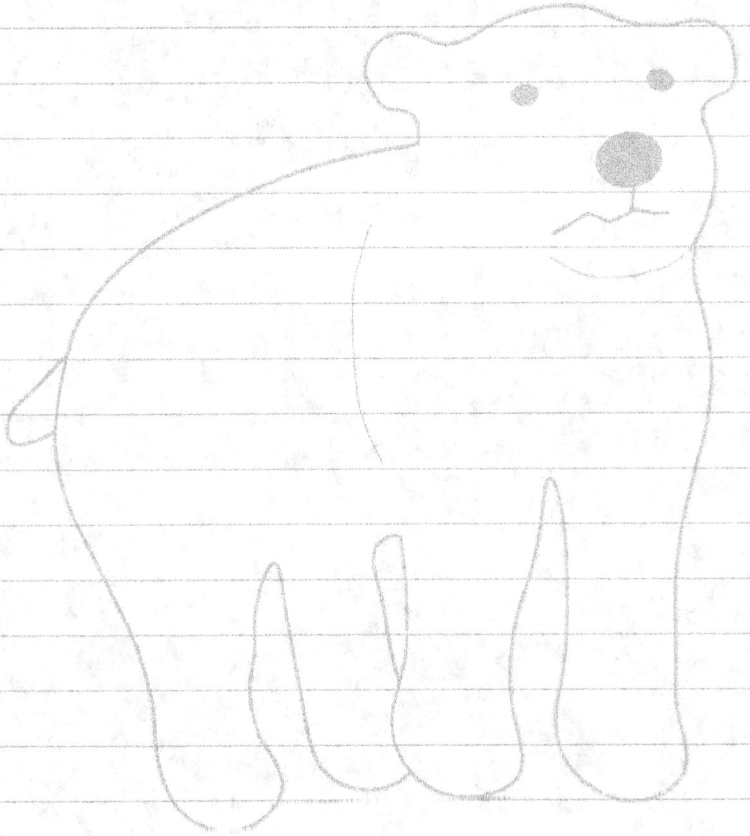

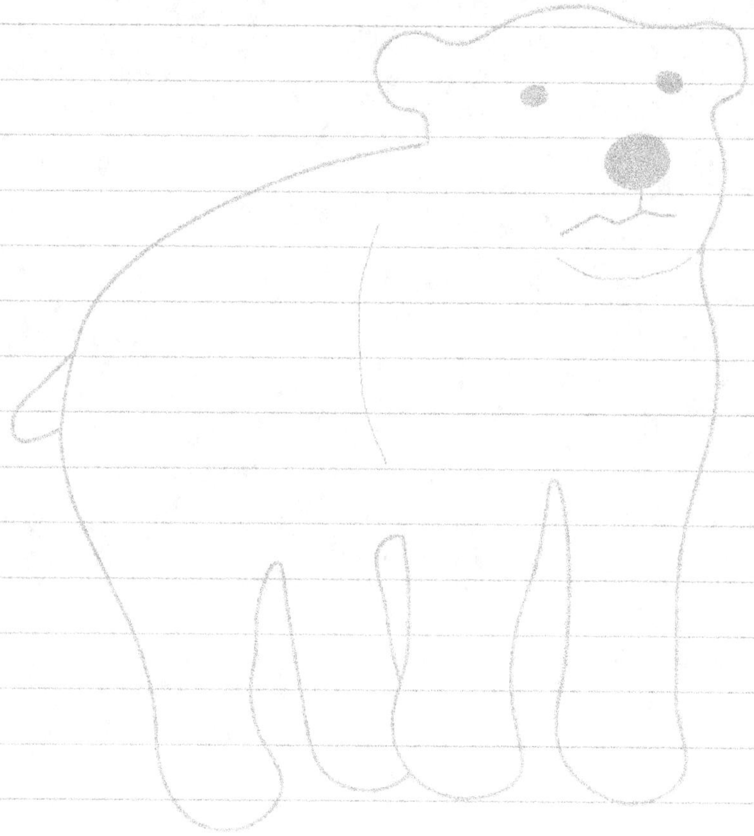

www.ingramcontent.com/pod-product-compliance
Lightning Source LLC
Chambersburg PA
CBHW080545220526
45466CB00010B/3038
* 9 7 8 1 6 9 9 6 6 2 9 2 2 *